海洋之书

［英］夏洛特·米尔纳 著　王敏 译

贵州出版集团
贵州人民出版社

未小读
UnRead Kids

潜入**水下的世界**

海洋覆盖着地球表面近四分之三的面积，为种类繁多、形形色色的海洋生物提供了广阔的家园。除此之外，海洋对于陆地上的生命也很重要。但是，大海和大海中的居民现在却正在受伤害。对此，我们在感到伤心的同时，也应该意识到这是一个影响全球的重大问题。

**海洋为什么这么重要呢？
让我们来探索一下海洋世界，
并找出答案吧！**

我们的蓝色星球

如果我们从遥远的外太空看地球，会发现地球是蓝色的，这是因为地球表面的绝大部分被水覆盖着。
水是地球的生命之源。

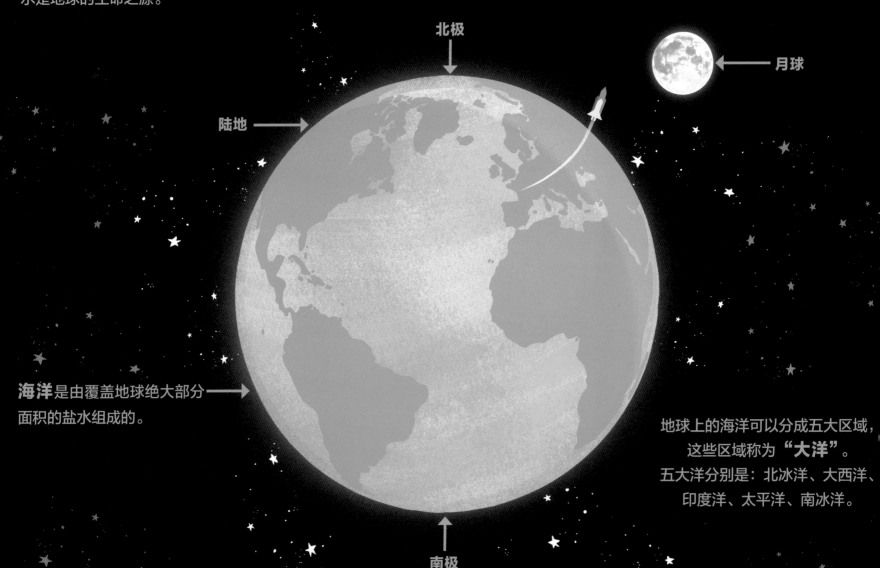

北极

月球

陆地

海洋是由覆盖地球绝大部分
面积的盐水组成的。

地球上的海洋可以分成五大区域，
这些区域称为**"大洋"**。

五大洋分别是：北冰洋、大西洋、
印度洋、太平洋、南冰洋。

南极

海洋是地球上最大的生物栖息地，是许多生物的家园。**海洋生物**指的是生活在海洋中的所有动植物。

海洋植物利用来自阳光的能量制造食物。

海洋动物以植物和其他动物为食。

海洋中到处都有生物，即使你看不到。在一滴小小的海水中，就有无数微乎其微的植物、动物和微生物，这些生物总称为**"浮游生物"**。

虽然浮游生物很小，但它们很重要，因为它们处于每条海洋**食物链**的底层。

浮游生物是许多海洋动物的食物。

吃浮游生物的动物，是另外一些更大的动物的食物。

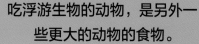

鲨鱼

以其他动物为食的动物叫作**"捕食者"**，捕食动物吃的动物叫作**"被捕食者"**。鲨鱼是这条食物链中的顶级捕食者。

海底世界是什么样的？

海底并不平坦，而是和陆地地形非常相似。海底有会喷发的火山、深渊一样的海沟，还有比陆地上的最高峰珠穆朗玛峰更高的山峰。

海洋由上而下分成4个不同的区域：

日光区： 许多海洋植物和动物需要太阳的光和热量才能生存，因此它们生活在靠近海面的日光区。

暮光区： 阳光几乎无法到达水面200米以下，因此这一地带没有植物生长。但这里仍然有很多动物，到了晚上，它们会游到日光区觅食。

午夜区： 尽管午夜区一片漆黑，非常寒冷，但仍有一些鱼和水母生活在这里，但其数量要比上面两个区域内的少得多。

深渊区： 海洋中最幽深、最黑暗的区域，是一片神秘地带。科学家们目前对这片海域的探索还十分有限，但已经发现，这儿也生存着一些奇异的生物。

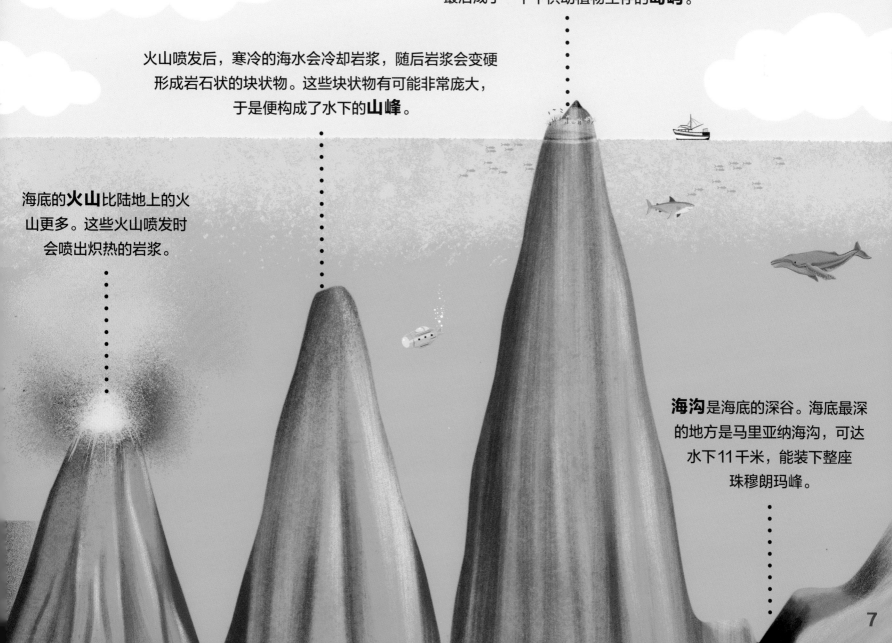

海底火山喷发形成的山峰越来越高，
最后成了一个个供动植物生存的**岛屿**。

火山喷发后，寒冷的海水会冷却岩浆，随后岩浆会变硬
形成岩石状的块状物。这些块状物有可能非常庞大，
于是便构成了水下的**山峰**。

海底的**火山**比陆地上的火
山更多。这些火山喷发时
会喷出炽热的岩浆。

海沟是海底的深谷。海底最深
的地方是马里亚纳海沟，可达
水下11千米，能装下整座
珠穆朗玛峰。

为什么海洋很重要？

人类大部分时间都生活在陆地上，但我们的生存和海洋息息相关。如果没有海洋，人类就不会在地球上出现。因为，海洋和海洋中的生物帮我们创造出了我们呼吸的空气、我们喝的水、我们吃的食物，还有其他很多东西。

海洋调控着气候

海水会吸收来自太阳的热量。洋流把海水吸收的热量送往世界各地，从而影响各地的气温。

海洋创造出我们呼吸的空气

地球上的动物（包括人类）呼吸的氧气，有一半以上是由海草和浮游生物制造的。

海洋给我们提供食物

鱼肉富含蛋白质等关键营养成分。鱼类为世界各地的人们提供了重要的食物来源。

洋流就像水中的风一样，将海水从一个地方运送到另一个地方。

海洋给我们提供水源

海洋在世界水循环中扮演着重要角色。如果没有海洋，就没有雨水，我们也无法得到可以喝的饮用水。

阳光使海水变热，将水变成**水蒸气**。水蒸气上升，形成雨云。

海洋吸收二氧化碳

二氧化碳是一种动植物呼吸排出的气体，当我们燃烧石油、煤炭等化石燃料时，也会产生二氧化碳。燃烧化石燃料能发电、发动汽车，但如果空气中的二氧化碳过多，就会给环境带来危害。而海洋和海洋植物能大量吸收空气中的二氧化碳。

海洋维持着
众多生物
的生存。

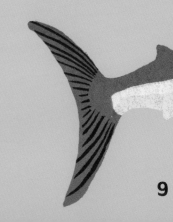

9

波浪下**生活**着什么？

从阳光照耀的海面到漆黑一片的深海，
海洋里到处都是生命，正是这些生命让海洋成为
一个充满魅力、令人兴奋、异常重要的地方。

接下来，让我们深入了解一下那些以大海为家的生物。

大海里有很多鱼

说到大海，浮现在你脑海中的第一种动物十有八九是一条**鱼**，也许它长得就像下面这条鱼。但海洋中的鱼种类繁多，彼此之间形态不同、大小各异，它们发展出了独特的体貌特征以适应水中的生活。

许多鱼都长着**鳞片**，鳞片能保护它们，并方便它们游水。

人类用肺呼吸；但鱼儿用**鳃**呼吸，从水中吸收氧气。

鱼**鳍**能帮助鱼儿游动以及掌控方向。

大多数鱼都是**冷血动物**，也就是说，它们的体温会和周围的水温保持一致。

世界上约有 **33,000** 种鱼。尽管大多数的鱼都长着鳃、鳍和鳞片，但它们之间的差异却很大——

有的鱼**会飞**……

飞鱼会用它们翅膀状的鳍跃出海面，并在空中滑翔，以躲避天敌。

有的鱼**会跳舞**……

雄海马和雌海马夫妇会一起跳舞。它们并排游动，尾巴缠绕在一起，一边移动一边变色。

有的鱼是**扁扁的**……

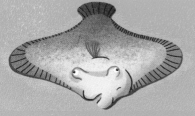

比目鱼扁扁的身体使它们能把自己埋在沙中，而它们的身体也是沙黄色的，因此饥饿的鲨鱼不会发现它们。

有的鱼**很长**……

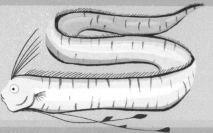

皇带鱼至少能长到10米长。在知道它们的真实身份之前，人们一直误以为皇带鱼是一种危险的海中巨蛇。

有的鱼**长满了尖刺**……

河鲀能吸入很多水，把自己撑得圆乎乎的，并且竖起全身的刺，以免被捕食者一口吞下。

有的鱼**非常非常大**……

这是海洋中最大的鱼的鳍……

海洋中最大的鱼是什么？

鲸鲨是海洋中最大的鱼，但它们最喜欢的美餐却是大海中最小的生物——浮游生物。鲸鲨虽然属于以凶猛闻名的鲨鱼族群，但这种庞大的**鲨鱼**其实是温柔的巨人。

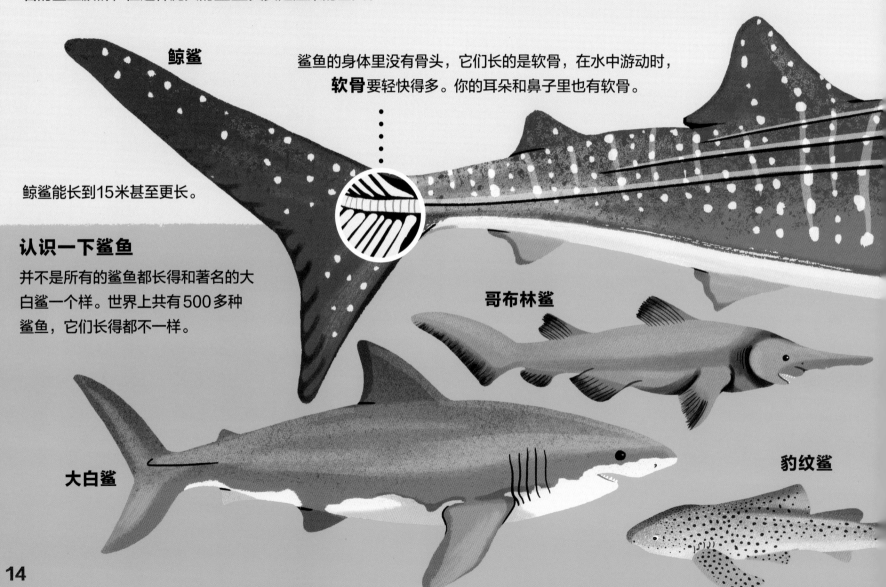

鲸鲨

鲨鱼的身体里没有骨头，它们长的是软骨，在水中游动时，**软骨**要轻快得多。你的耳朵和鼻子里也有软骨。

鲸鲨能长到15米甚至更长。

认识一下鲨鱼

并不是所有的鲨鱼都长得和著名的大白鲨一个样。世界上共有500多种鲨鱼，它们长得都不一样。

哥布林鲨

大白鲨

豹纹鲨

所有的鲨鱼都是食肉动物。
它们拥有敏锐的感觉，**嗅觉**尤其发达，
因此它们是觅食能手。

鲨鱼的**耳朵**长在身体里面，
不过它们的听力比我们好多了。

合适的工具

不少鲨鱼长着奇形怪状的脑袋，
这能帮助它们发现并抓捕猎物。

大多数鲨鱼长着5对**鳃**，但有的鲨鱼长着6对或7对鳃。
包括鲸鲨在内的许多鲨鱼都需要通过不停游动来保证呼吸。

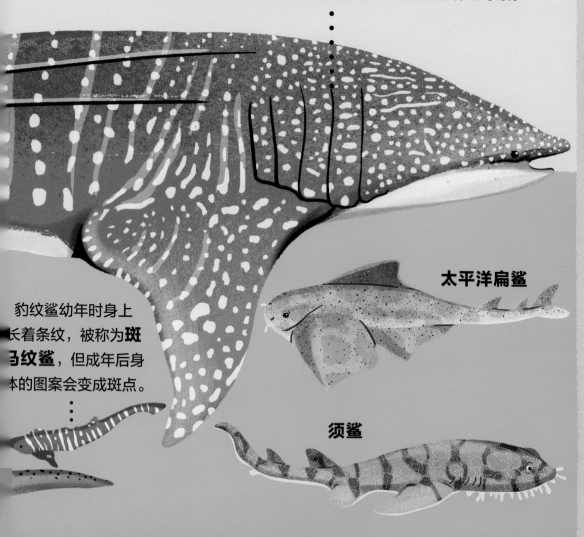

双髻鲨用"T"形的脑袋
按住黄貂鱼。它们双眼之
间的距离很宽，因此拥有
宽广的视野。

锯鲨用锯状的吻部和尖利
的牙齿切割鱼肉。

豹纹鲨幼年时身上
长着条纹，被称为**斑
马纹鲨**，但成年后身
体的图案会变成斑点。

太平洋扁鲨

须鲨

雪茄达摩鲨会大口大口
地咬下大鱼、海豚的肉，
并在它们身上留下如雪茄
烫伤般的坑洞状咬痕。

长着鳞片的游泳健将

爬行动物是一些长有鳞片的冷血动物。它们在水下无法呼吸，所以大多数爬行动物生活在陆地上。然而，有一些爬行动物能在水中生存——它们能长时间地屏住呼吸。这些大海中长着鳞片的游泳健将被称为"海生爬行动物"。

长而扁的
尾巴能帮助海鬣蜥在
海水中游动。

它们用尖利的牙齿
啃食海草。

海鬣蜥是唯一一种在海洋中觅食的蜥蜴。
当它们游到水面上时，会打一个大大的喷嚏，
从而排出积聚在血液里的盐分，
这些盐分来自含盐过多的食物。

长长的爪子能帮助
它们牢牢抓住岩石。

其他水生爬行动物

湾鳄

海蛇

海龟

海龟的
生命周期

到了要产卵的时候，雌海龟会爬到陆地上。但是，雄海龟从孵化出来到爬入大海，之后永远都不会离开大海。

如果雌海龟产卵的沙滩是温暖的，就会孵化出雌海龟；如果那片沙滩是凉爽的，就会孵化出雄海龟。

1.

大多数海龟在夜间孵化出来。刚孵化出来的**小海龟**会从沙滩上快速爬到大海中，并一路躲避那些想要捕食它们的螃蟹和鸟儿。

2.

接着，小海龟开始在海洋中冒险，但谁也不知道它们究竟去了哪儿。海龟生命中的这段时期被称为**"失去的岁月"**。

绿海龟以海草和海藻为食。

3.

一只海龟需要10 ～ 15年的时间才能长成**成年海龟**。成年海龟大多数时间在沿海水域活动、觅食。

4.

当雌海龟准备**产卵**时，它会不远万里地游回自己出生的那片海滩。

17

认识一下哺乳动物

大多数哺乳动物会直接生出它们的宝宝，它们需要呼吸空气，并且属于温血动物。绝大多数哺乳动物（包括人类在内）生活在陆地上，但也有一些生活在水中。水生哺乳动物长有游水所需的**鳍**和**鳍状肢**，厚厚的脂肪或特殊的毛皮能为它们保暖。

儒艮

儒艮又名海牛，以海草为食。它们性情温顺，见面时会用亲吻彼此的方式打招呼。在幼崽出生后的两年里，它们会一直守在幼崽身边。

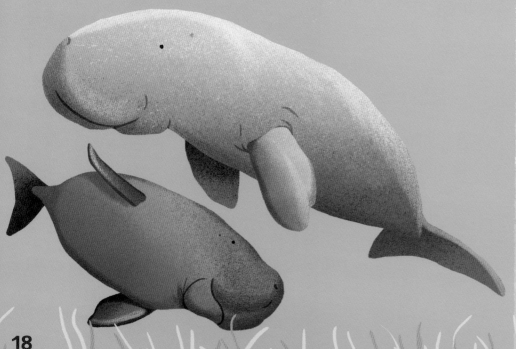

长须鲸

没有牙齿的一类鲸鱼统称为须鲸。须鲸嘴里长着梳齿一样的角质须，可以过滤海水获得食物。

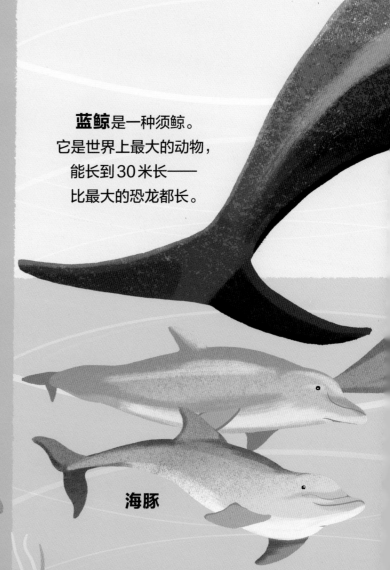

蓝鲸是一种须鲸。它是世界上最大的动物，能长到30米长——比最大的恐龙都长。

海豚

18

所有的鲸鱼都会浮到海面上，
通过它们的喷气孔呼吸。

鲸须板有一点像扫帚须，
能将浮游生物和小鱼困在
嘴巴里，然后让
海水流出。

蓝鲸的叫声非常响亮，
甚至在1,500千米外的地方都能听到
彼此的呼唤声。

虎鲸属于海豚科。

齿鲸和海豚

另一类鲸鱼长着牙齿，它们吃鱼、鱿鱼和一些哺乳动物。
海豚是一种小型齿鲸，它们往往成群生活。一群海豚之间会用咔嗒、吱吱等声音互相交流。它
们合作觅食，假如一只海豚生病或受伤了，其他海豚会帮助它渡过难关。

另一些奇怪的动物

世界上的大多数动物属于**无脊椎动物**。无脊椎动物没有脊柱，它们绝大多数体形都很小；而另外一些大型动物则需要脊柱来支撑它们的身体。有些无脊椎动物长着坚硬的外壳，以保护它们柔软的身体。

章鱼长着硕大的脑袋，有8条腕、3颗心脏。除了头部长着一颗大脑外，章鱼的每条腕中都有一个"微型大脑"。

章鱼的触手上长着吸盘，可以用来抓住猎物。

大多数章鱼能喷射出黑色的墨汁来迷惑捕食者，而且能变换身体的颜色和纹理来伪装自己。

章鱼妈妈会一连数周不吃不喝地看守自己的卵，甚至把自己活活饿死。

章鱼能将柔软的身体挤入狭小的藏身之所。

海星

大多数海星长着5个腕，

但有的海星有
更多的腕。

一些海星的腕很短，导致它们看上去就像肉
垫一样！假如海星失去了一个腕，
那个腕还会再长出来。

水母和海葵

水母和海葵没有大脑，它们长着触手，
必要时会狠狠地蜇刺别人。

螃蟹和龙虾

螃蟹和龙虾长着坚硬的、具有保
护性的外壳，而它们的螯能够抓
捕、砸碎、夹断猎物。

海蛞蝓

海蛞蝓拥有鲜艳的色彩，这是为了警告捕食者：我的味道糟糕极了！

21

家是最好的地方

陆地上有各种各样的地方，同样，海洋中也有各种不同的海域：有的地方酷热，有的地方凉爽；有的地方很深，有的地方很浅；有的海域中充满了形形色色的生物，而有的海域就像浩瀚无际的沙漠。海洋中的动物和植物彼此依赖，在合适的环境下共同生存。

接下来让我们一起探索：各种各样的海洋动物分别生活在什么样的环境中？它们是如何在那里生存的？

许多海洋动物生活在**海滨**地带。海边岩石间的潮水潭，是海葵、海星等动物的家园。它们会紧紧吸附在岩石上，就算潮水一直涌进涌出，它们也不会被海浪冲走。

冰上的生活

北极位于北冰洋的正中央，那里极端寒冷，海水大量结冰，形成了一块块漂浮在海面上的冰块，这些冰块被称为**"浮冰"**。

浮冰是很多海洋哺乳动物赖以生存的家园。下面的**食物链**展示了生活在这里的动物之间的捕食关系。

浮冰之中和下表面上生活着很多**浮游生物**。

鳕鱼等许多鱼类都以磷虾为食。

磷虾是一种微小的、长得像虾的动物，它们以浮游生物为食。

一角鲸和**白鲸**都属于齿鲸。

一角鲸头上长着一颗长长的牙齿，它们因此被称作独角兽。

环斑海豹长着强而有力的爪子，能在冰块中挖出呼吸孔。

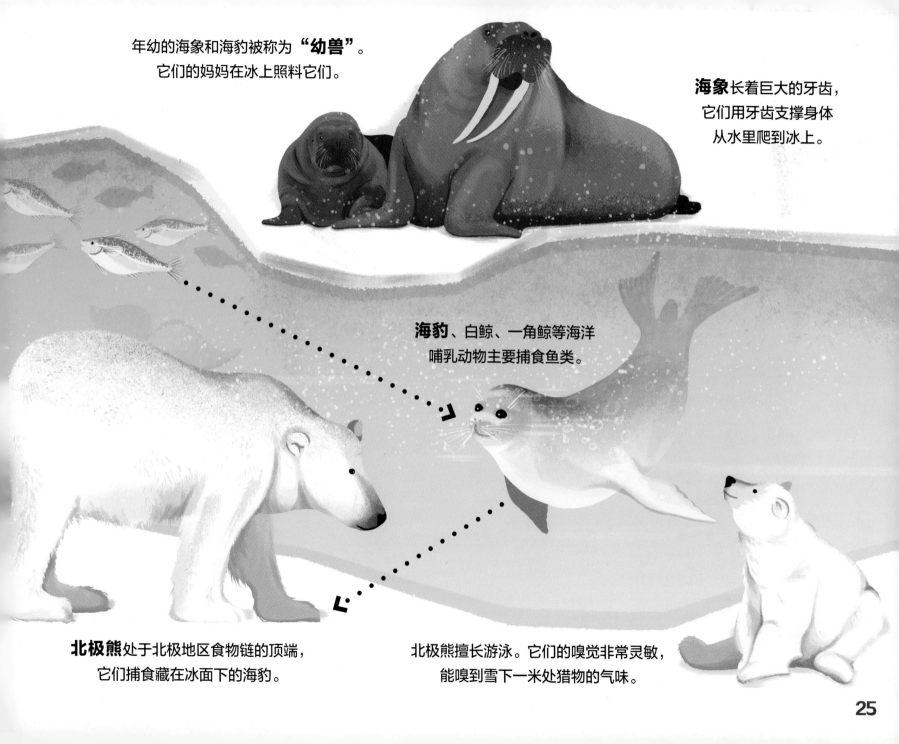

年幼的海象和海豹被称为**"幼兽"**。
它们的妈妈在冰上照料它们。

海象长着巨大的牙齿，
它们用牙齿支撑身体
从水里爬到冰上。

海豹、白鲸、一角鲸等海洋
哺乳动物主要捕食鱼类。

北极熊处于北极地区食物链的顶端，
它们捕食藏在冰面下的海豹。

北极熊擅长游泳。它们的嗅觉非常灵敏，
能嗅到雪下一米处猎物的气味。

珊瑚礁之城

在热带海洋温暖、清澈的浅水区，往往能看到珊瑚。一片片珊瑚就像水下城市的一栋栋建筑，为成千上万的海洋动物提供了美好的家园。珊瑚礁附近生活着各种各样的生物，科学家们不断在那儿发现新的物种。

白天的光景

白天，住在珊瑚礁里的居民在其中觅食，同时躲避捕食者的追杀。珊瑚为许多五彩斑斓的鱼儿提供了食物以及藏身之所。

什么是珊瑚？

尽管珊瑚看上去像植物，但它们其实是由无数微小的动物——珊瑚虫组成的。

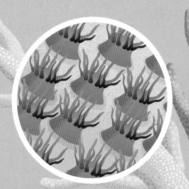

有的**鹦鹉鱼**以珊瑚为食。它们长着上下两排强而有力的牙齿，就像鸟喙一样。鹦鹉鱼可以用自己的"喙"咬碎硬邦邦的、岩石一般的珊瑚。

神仙鱼的身体扁扁的，所以它们能躲藏在最狭窄的缝隙中。

珊瑚虫外表酷似微小的海葵。许多珊瑚虫紧密地生活在一起，形成了一个个较大的、类似于岩石的"珊瑚建筑"。

这些**蝴蝶鱼**会花上很多时间啃食珊瑚，其他时间则用来寻觅能和自己终身厮守的意中人。

夜晚的光景

就像玩捉迷藏游戏一样，喜爱在白天活动的那些色彩鲜艳的鱼儿，晚上会藏身于珊瑚中安睡，而饥肠辘辘的礁鲨和其他夜间活动的捕食动物会在此时出没，四处寻找食物。

成年的雄性神仙鱼会捍卫自己的领地。未成年的神仙鱼身上的斑纹和颜色与成年神仙鱼的不一样，因此，尽管成年的雄性神仙鱼会赶走其他成年的雄性同类，但它们不会把未成年的小鱼和竞争对手搞混。

白顶礁鲨以鱼、章鱼和螃蟹为食。它们的身体非常苗条，能钻进各种狭窄的空间中抓捕猎物……

到了晚上，**金鳞鱼**从自己的藏身之所游出来。它们大大的眼睛能帮助它们在黑暗中发现猎物……

鹦鹉鱼会给自己做一个滑溜溜的防护袋，然后躲在里面睡觉。这样做也许是为了防止捕食者循着气味找到它们。

水下森林

在一些凉爽的浅水域中能看到一片片的巨藻森林。巨藻创造了一个个高高耸起的栖息空间，海豹悄悄地藏身于此，海獭在这儿潜水、嬉戏。

什么是巨藻？

巨藻是一种海草，能在短时间内长得很高：每天大概能长高60厘米，最终能长到30米高。

斑海豹很清楚，如果它们躲藏在巨藻中，鲨鱼就很难找到它们了。

岩鱼、海螺和**螃蟹**也生活在巨藻中。

海獭会潜入水下寻觅它们最喜欢的食物——紫海胆。

如果**没有海獭**，海胆就没有了最大的天敌，它们的数量就会直线上升。北美海岸的海獭曾遭大规模猎杀，当时海胆将沿线的巨藻森林大量吞噬毁坏。

海胆是动物，它们会吃掉大量的巨藻。它们身上长着刺，用于防御。

而一旦**有海獭**出没，海胆的数量就能得到有效的控制。现在，北美海岸线附近的海獭受到了人们的保护，它们的数量正在上升。这意味着巨藻森林也将得以恢复，再次为动物们提供庇护和食物。

29

无边无际的蓝色大海

远离海岸的地方，是无边无际的广阔海洋。海岸附近有丰富的食物，但在远海之中，可以吃的东西就少多了。
而且，游到这儿或漂到这儿的动物，几乎没有什么藏身之所。因此，它们必须想方设法让自己生存下来。

漂泊者

有的动物在茫茫大海中随波漂流，等待着食物自己送上门来。这样的生活不需要耗费太多力气，所以就算不吃东西，它们也能存活很长时间。

紫色海蜗牛给自己做了一个"泡泡筏子"，让自己能一直漂浮在海面上，并捕食另一种大海上的漂泊者——帆水母。

僧帽水母利用充满气体的浮囊体漂流，用长长的、带刺的触须抓鱼。

远航者

为了抵达觅食或繁殖后代的最佳场所，有的动物每年会在大海中穿越成千上万里，这种行为叫作"迁徙"。这些有迁徙习性的动物常常顺着洋流前进，这样能让自己的旅程更加轻松。

蓝鳍金枪鱼每年的旅程超过8000千米。它们的身体呈流线型，所以它们可以毫不费力地游水。大量金枪鱼常常成群结队地穿越无边无际的大海——鱼儿多，胆子壮。

马尾藻鱼躲藏在漂浮于水面上的马尾藻之中，这个伪装非常完美。

帆水母拥有能迎风鼓起的"帆"，它们靠着这张"帆"漂洋过海。

水母能打开、闭合它们钟形的身体，以此喷射出海水，推动自己前进。

灰鲸每年旅行16000千米左右，其迁徙距离是所有哺乳动物中最长的。夏季它们会游向凉爽的阿拉斯加水域，因为那儿有充足的食物。而到了冬季，它们会向南进发，游向墨西哥附近的温暖水域中繁殖后代。

欧洲鳗鲡一生中只进行一次长途旅行。它们会穿越大西洋，游向马尾藻海产卵，全程长达4800千米。随后不久它们就会死去。

那些奇异的生物还知之甚少。

蝰鱼用自己的大獠牙捕捉猎物。它们的牙齿实在太大了，以至于它们连嘴巴都合不上。

吞噬鳗能吞下比自己大的鱼，因为它们拥有巨大而灵活的嘴，以及伸缩性非常强的胃。

海绵动物通过吸入水来获得它们需要的氧气和食物。**维纳斯花篮**是海绵动物的一种，它们拥有精美的白色骨骼，其主要成分和玻璃相同。

终生的家

在维纳斯花篮中，生活着一对对**俪虾**夫妇。雄虾和雌虾在幼年时游进维纳斯花篮中，后来它们长大了，就再也没法游出这种海绵动物的"网状墙壁"了。于是，它们终身厮守在一起，并负责清洁它们的海绵家园。作为回报，维纳斯花篮会为它们提供食物和庇护。

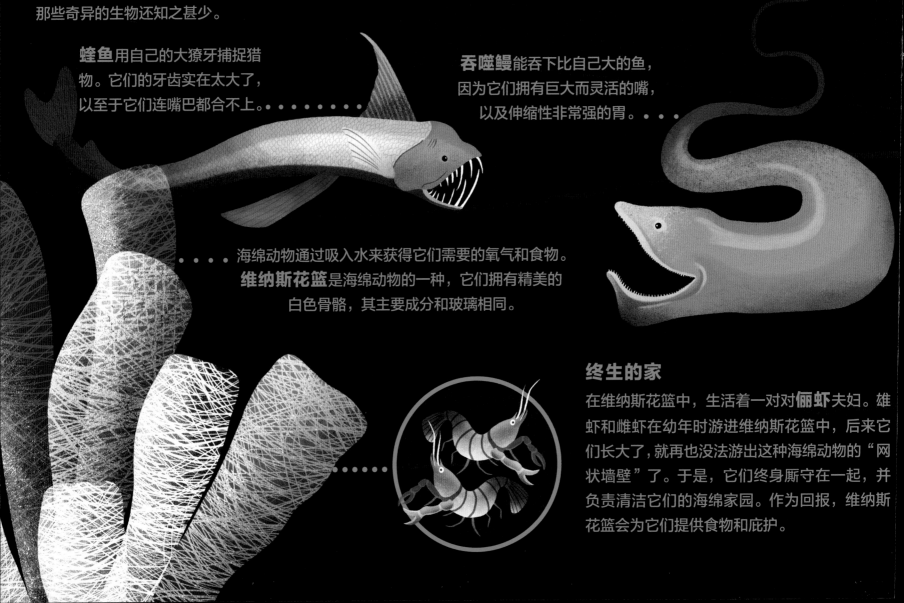

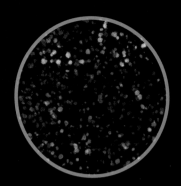

水下会下雪吗？

不会，但海洋生物的遗骸会像雪一样在水中飘落、下沉。这种现象被称为**"海雪"**。

尽管有一个可怕的名字，但**吸血鬼鱿鱼**其实是一种爱好和平的动物，它们一辈子就吃海雪。如果受到了威胁，它们会把有蹼相连的触手翻转过来盖住头部，宛如一把雨伞。● ● ● ● ● ●

有的动物会在黑暗中发光。生物这种制造亮光的能力被称为**"生物发光"**。

警报水母被捕获后，会上演一场绚丽的"灯光秀"。这场"灯光秀"会引来其他更大的动物，而新来的不速之客说不定会把袭击警报水母的家伙一口吞下。

在**鮟鱇**的脑袋上方，第一背鳍向上延伸、竖起。它相当于一根末梢有"小灯泡"的钓鱼竿，能引诱猎物自投罗网，游到鮟鱇的大嘴中。

捕蝇草海葵会用触须绊住海雪和其他小生物食用。● ● ● ●

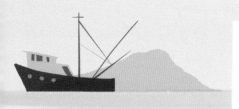

背后的 原因 是什么？

在海洋中，动物和植物彼此依赖、共同生存。但现在海洋动植物以及它们的家园正面临着一些破坏生态平衡的严峻问题。我们曾经以为，无论我们做什么，都不会破坏大海的环境，因为大海是如此浩瀚、辽阔。现在我们明白了：人类对海洋造成的巨大破坏远远超出了我们的想象。

海洋是如何遭到破坏的呢？

船儿太多，鱼儿太少

捕鱼业很重要，因为鱼类是人们不可或缺的食物。但如果我们在短时间内抓捕
过多的鱼，就会造成问题：海洋中剩下的鱼太少，它们无法繁殖出更多的鱼。
这种现象被称作"**过度捕捞**"。

鱼变少之后，其他海洋生物
的生存也会受到影响，
因为这改变了整条食物链。

过度捕捞会导致鱼的数量变少，
个头儿变小。因为，大海中剩
下的那些鱼都太小了，还无法
繁殖后代，而且它们很有可能
在尚未长大之前就被逮住。

拖网捕捞是一种拖曳沉重的
渔网捕捞的作业方式。这种
方式会损害海床，破坏海洋
动物们觅食和栖息的场所。

如果渔网网住了海豚、
海龟等其他较大的生物，
也会造成不小的损失。

合理的捕捞作业并不会造成生态问题。目前，许多国家制定了捕捞规则，对哪些鱼类可以捕捞、能捕捞多少、以什么方式进行捕捞做出了限制。如果人们能够严格遵守这些规则，就有助于维持健康的海洋环境。这被称为**"可持续捕捞"**。

如果你只买经过可持续捕捞认证机构认可的海鲜，就是在支持可持续捕捞，也就是在帮助我们赖以生存的海洋。

只有实现可持续捕捞，
减少捕捞的数量；
许多幼小的鱼儿才有时间成长，
才能在日后繁殖出更多的鱼。

这条鳕鱼已经长大成熟，
产下**鱼卵**。

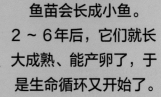

鱼苗会长成小鱼。
2～6年后，它们就长
大成熟、能产卵了，于
是生命循环又开始了。

从鱼卵中孵出
来的鱼宝宝被
称为**"鱼苗"**。

正在变暖的海洋

海洋正在变暖。这改变了海洋生物的栖息地，让它们的生存变得艰难。

海洋为什么会变暖？

为了发电、开车，人类大量燃烧石油等化石燃料。这些燃料燃烧时会产生一种叫作**"二氧化碳"**的气体。

如果大气中的二氧化碳含量过高，地球温度就会上升。这种现象被称为**"全球气候变暖"**。

在全球气候变暖的影响下，海洋也变暖了，这会给生活在其中的动植物造成损害。

**全球气候变暖会如何影响那些
我们熟悉的海洋动物的生活？**

海冰融化

随着海洋变暖，海上的浮冰会融化，这将摧毁许多极地生物的家园。这只北极熊依赖浮冰抚养宝宝、猎捕海豹，如果失去了浮冰，它将很难捉到海豹充饥。

海平面上升

极地的冰融化后，会带来更多海水，导致海平面上升。
如果这种情况持续存在，那么许多海滩就会被海水淹没。
当这只海龟准备产卵时，它会长途跋涉，将卵产在自己出生的
那片海滩上。可现在它无法找到那片海滩了，
因为那片海滩已经被海水淹没了。

珊瑚白化

海洋变暖会导致珊瑚变白，缺乏营养，甚至死亡，这种现象被
称为"珊瑚白化"。这些鹦鹉鱼没法找到食物，因为它们喜欢
啃食的珊瑚已经白化了。和鹦鹉鱼一样生活在珊瑚礁附近的其
他动物也会因此而找不到食物。

39

白色污染

如果没有以正确的方式处理垃圾（将垃圾回收利用或将垃圾放进垃圾箱里），垃圾最后就会进入海洋中。轻塑料的问题特别严重，因为风会把轻塑料吹进河流和海洋中。不幸的是，包括塑料在内的无数吨垃圾已经进入了海洋，给海洋生物带来了伤害。

塑料需要很长时间才能分解，因此，进入海洋的塑料会一直存在，残害海洋生物多年，即便这些塑料已经成了碎片。

棱皮龟会误吞塑料袋，因为塑料袋看上去很像它们最喜欢的食物——水母。

信天翁在海面上觅食。它们有时会不小心衔起塑料喂给自己的宝宝。

很多海洋动物会把塑料当成食物。如果它们吃下了大量塑料，胃就会被堵住，它们不会再感到饥饿，也就是说，它们会被活活饿死。

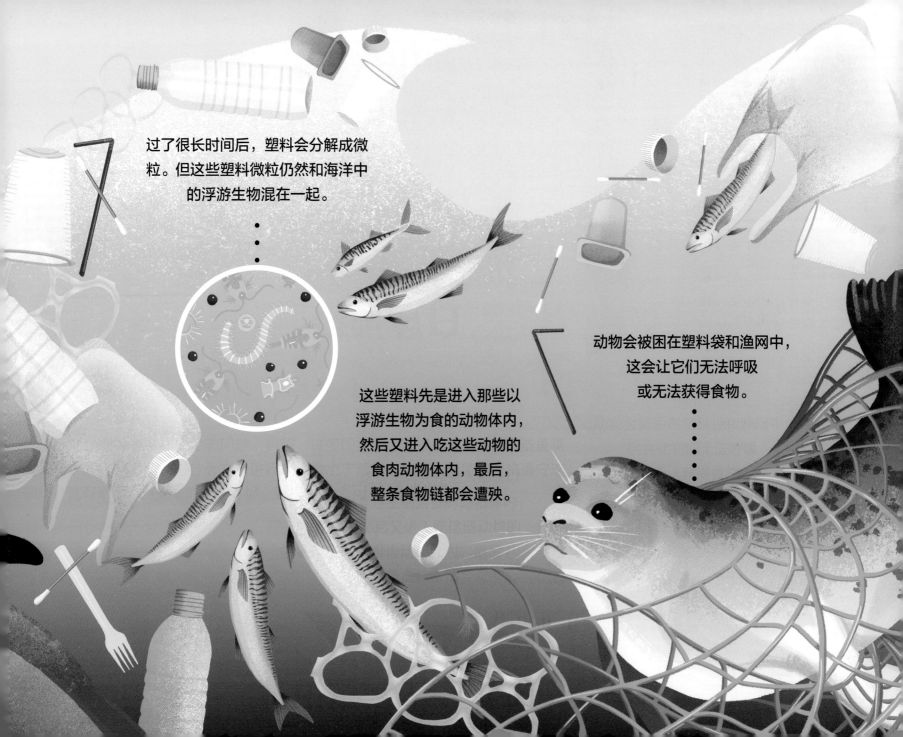

过了很长时间后，塑料会分解成微粒。但这些塑料微粒仍然和海洋中的浮游生物混在一起。

动物会被困在塑料袋和渔网中，这会让它们无法呼吸或无法获得食物。

这些塑料先是进入那些以浮游生物为食的动物体内，然后又进入吃这些动物的食肉动物体内，最后，整条食物链都会遭殃。

我们能做些什么？

海洋变暖、过度捕捞、白色污染，这一切听上去太可怕了。但如果每个人都能
尽自己的一份力，为海洋做一点事，情况就会大大改观。

去海滩上捡垃圾。仅仅花上你两分
钟的时间，却可以实实在在地帮助
到海洋生物。记得戴上手套，还有
找一个大人陪你一起。

我们越了解海洋生物，就会
越想保护它们。去海滨旅行，
阅读一些关于海洋生物的书
籍，把学到的知识告诉你的
家人、朋友和同学。

不要把垃圾留在海滩上，
尽量做到废物利用。

螺壳是寄居蟹的家。多在海滩上留下些螺壳，
并且永远不要购买用动物的壳做成的纪念品。

减少塑料的使用

人类曾经生活在一个没有塑料的世界中，但现在到处都是塑料。在日常生活中完全不用塑料制品有点困难，但我们可以循环使用塑料制品。有很多简单的方法可以减少塑料的使用，从而减少进入海洋的塑料数量。

购买食品时，多选一些没有包装的食物。不需要给水果和蔬菜套上一层塑料袋，直接把它们放进你自己的购物袋就可以。

不要用塑料吸管，其实你也许根本就不需要吸管，或者你可以用一根纸制吸管来代替。

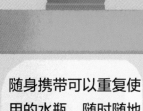

随身携带可以重复使用的水瓶，随时随地补充水瓶中的水，这样可以避免购买塑料瓶装的饮料。

避免使用塑料餐具，随身携带你自己的餐具。

带上可以多次使用的购物袋。

如果你想外出时买热饮，可以随身携带一个可以重复使用的杯子。许多纸杯上都有一层塑料膜，因此很难回收利用。

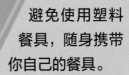

不要使用那种用后就丢弃的保鲜膜，用能够重复使用的容器（比如便当盒）打包食物。

43

做一只你自己的购物袋

使用自己的购物袋，这样你就不需要再使用塑料袋了。
自己制作购物袋既好玩又能帮助海洋里的动物。

你需要：

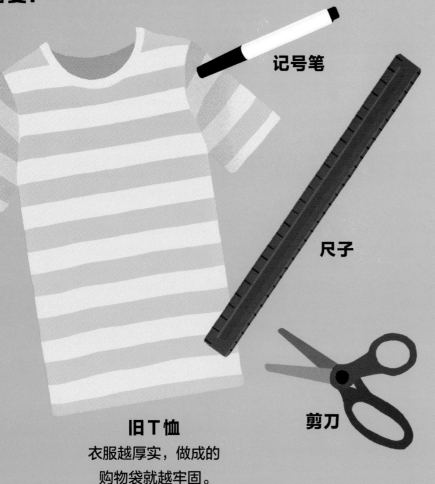

记号笔

尺子

剪刀

旧T恤
衣服越厚实，做成的
购物袋就越牢固。

1.

把你的 T 恤翻个面。
在大人的帮助
下剪下衣袖。

4.

从 T 恤下摆向上一条条剪
开，剪到那条线为止，
做出流苏。这个步骤也需
要大人的帮助。

每条布条大约
2 厘米宽。

2.

在T恤的领口处按椭圆形的
轮廓剪一个开口。
这个步骤也需要大人
的帮忙。

3.

在离T恤下摆5厘米的地方
画一条线。这里将是
购物袋的底。

装饰一下你的购物袋！你可以
在购物袋上画上、缝上你最喜
欢的海洋动物。当你去购物时，
就能提醒自己并让别人知道：
你正在保护这种动物。

5.

把衣服前身和后身对应的布
条打上死结，直到下
摆所有的布条都
绑在一起。

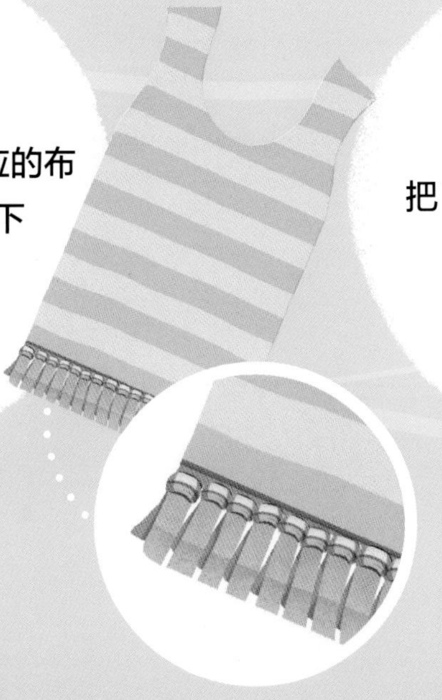

6.

把T恤翻个面，购物袋就做
好了。现在你可以去
购物啦！

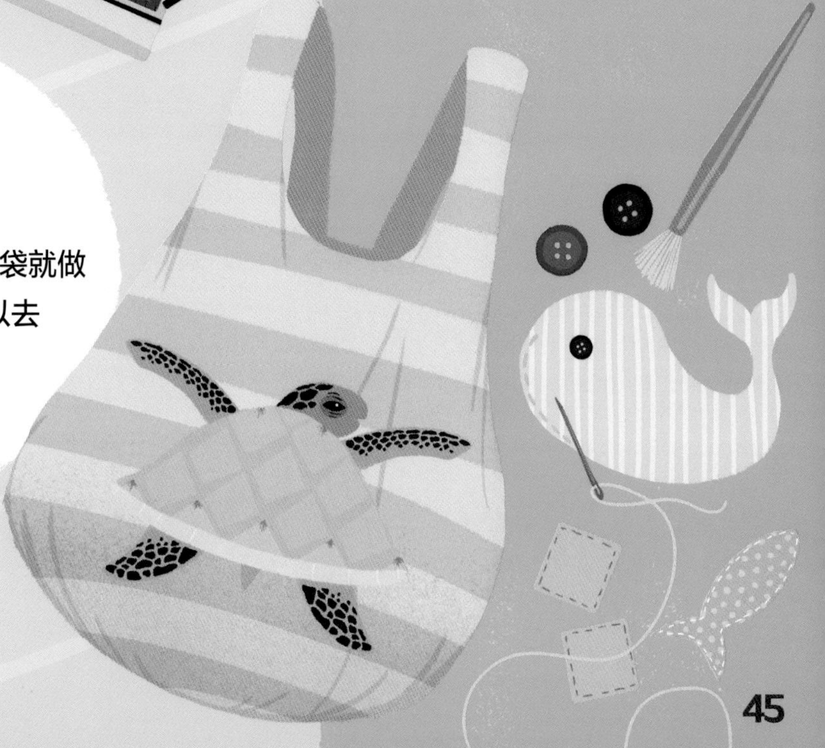

蓝鲸一度遭到人类疯狂捕杀，几近灭绝。后来，人们下决心帮助它们，制定了一些禁止捕鲸的法规。在此之后，蓝鲸的数量开始回升。

掀起**改变**的**浪潮**

人类过度捕捞，污染环境，已经将海洋逼到了极限，是时候保护我们赖以生存的海洋了。只要我们尽自己所能行动起来，就可以给海洋一个可持续发展的未来，从而造福人类和动物。

**让浩瀚无垠的大海
成为我们取之不尽的宝库。**

索引

DK海洋之书

〔英〕夏洛特·米尔纳 著

王敏 译

图书在版编目（CIP）数据

DK 海洋之书 / （英）夏洛特·米尔纳著；王敏译
. — 贵阳：贵州人民出版社，2020.2
ISBN 978-7-221-15733-1

Ⅰ．①D… Ⅱ．①夏…②王… Ⅲ．①海洋学—普及读
物 Ⅳ．① P7-49

中国版本图书馆 CIP 数据核字 (2019) 第 275767 号

Original Title: The Sea Book

贵州省版权局著作权合同登记号 图字：22-2019-39 号

选题策划	联合天际
责任编辑	陈田田
特约编辑	李 嘉
封面设计	徐 婕
美术编辑	浦江悦
出　版	贵州出版集团　贵州人民出版社
发　行	未读（天津）文化传媒有限公司
地　址	贵州省贵阳市观山湖区会展东路 SOHO 公寓 A 座
邮　编	550081
电　话	0851-86820345
网　址	http://www.gzpg.com.cn
印　刷	深圳当纳利印刷有限公司
经　销	新华书店
字　数	12 千字
开　本	889 毫米 × 1194 毫米 1/16 3 印张
版　次	2020 年 2 月第 1 版　2020 年 2 月第 1 次印刷
I S B N	978-7-221-15733-1
定　价	48.00 元

A WORLD OF IDEAS:
SEE ALL THERE IS TO KNOW

www.dk.com

作者简介

夏洛特·米尔纳的作品以充满童趣的图画带给小读者们丰富的信息。她的第一本作品《**DK 蜜蜂之书**》探索了蜜蜂的世界，并介绍了它们如何在生态系统中发挥不可或缺的作用。